CHUANGYI YINGXIAO · DIANNAO POP

创意营销 · 电脑POP

电脑
DIANNAO

主编

陆红阳　喻湘龙

编著

方如意

广西美术出版社

目录

　　随着业务的拓展，商家为了获取最大化的收益而往往在广告上不惜一掷千金。 虽然现在的新媒体市场不断地被开发，广告主相对于以往有了更多的选择方案，但无论是传统媒体还是新媒体，单一传播产生的注意力始终都是有限的。在实际中就常常出现因为竞争手段的雷同，同时也因为广告的拥挤程度很高，使得广告的说服效果在逐渐递减。 对于绝大多数的消费者来说，同质化的广告接触实在太多，广告的刺激效果不断地被分散，因此商家怎样用其他新鲜的形式接近消费者,怎么样才能让广告越做越有注意点，让创意越来越具有引导消费倾向的价值，这就是广告这个媒介载体如何更好的体现其价值的问题正在被越来越多的商家所考虑。而POP这种古老又简单的促销手段，用简洁、明确的焦点告知的方式，极具明示特征和直白说明的表达，不受展示时间和空间的限制，也易于和品牌的总体策略相结合，以达到彰显产品特点、 突出传播效果的目的，让消费者在接触的第一时间里既能记住品牌、又能亲近产品，让消费者在短时间内记住广告，与潜在的消费欲望产生共鸣。

　　POP的灵活和方便，越来越成为商家促销战略的有力补充。笔者因业务关系经常接触到商家的促销行为，有感平民化的POP的实用，而且POP对同质商品的差异化的明确传达，还有POP的特色表达在消费者心目中有效地树立了对品牌的认知和认同。作为促销的实用手段，我整理收集了近来所做的一些POP实例和其一些电脑制作的步骤过程，汇集成该书集，为的是以此抛砖引玉，让更多妙趣精要的创意丰富这一有益有趣的促销法宝，使商家能更好地推出自己的好商品，使消费者更容易更直接地挑选自己满意的商品。

电脑POP综述篇

Point of Purchase

POP广告是英文"POINT OF PURCHASE"的缩写，意为"购买点"或"售点"广告。现代POP广告是经二战后首先在美国发展起来的。

二战后的欧美各国经济出现前所未有的大萧条，货物大量积压，高昂的广告费成为商家及卖方的沉重负担。为刺激商业销售，商家充分利用"买方市场"活跃"卖方市场"，迎合顾客心理，营造刺激消费的氛围。在此种情况下，简洁明了、形象可亲、易于被大众所接受的POP广告便应运而生了。

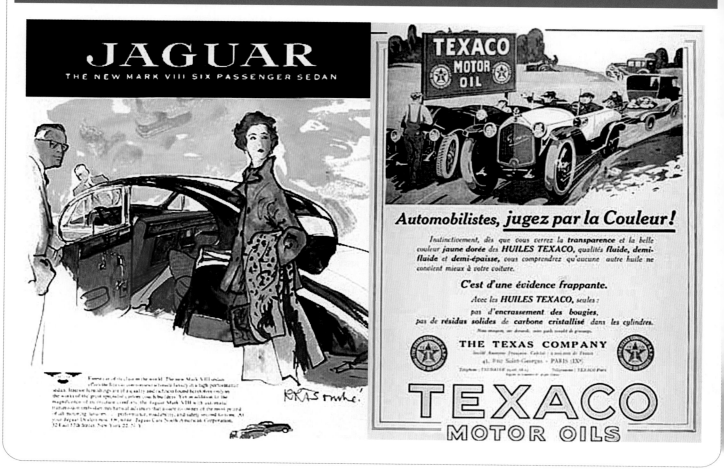

POP广告首先出现在一些超市和零售店等终端市场中，随后便以其独特的销售优势迅速占领广告市场，成为商家不可替代的销售"伙伴"。POP广告能以独到的方式营造商场气氛，以较短的时间迅速捕捉消费者视线，传递商品信息，并激发其购买欲及行为。

[一] POP广告的作用

POP作为阶段性活动广告或最终销售卖场的广告形式，具有以下作用：

1. 吸引受众视线。
2. 诱导受众进入销售场所。
3. 提示、告知受众活动的时间、地点。
4. 提供商品信息、服务范围。
5. 刺激受众消费欲望。
6. 标示商品名称、价位、特点、等级、产地等内容。
7. 扮演无声的促销员的角色。
8. 区分商品类别。
9. 营造整体销售环境氛围，活跃卖场气氛等。

[二] POP广告的策划

任何商家、卖方及活动（文化活动、娱乐活动、主题展览等）的策划部门都是在一定的整体策划运作下，对商品或活动内容进行有目的地销售或推介的情况下采用POP这一宣传形式的。

例如：

1.新商品上市。

"潮"太阳镜

2.商品促销。

星湖数码电影院

3.商品换季打折。

澳园羊毛衫

4.特价销售。

飞盟航空售票

5.特色产品推介。

中国联通"超级群'音'会"服务项目

6.公共庆典活动。

7.周年纪念。

盛情的周诞放

"心浪漫"西餐厅

8.临时活动等。

學院體育場
9月15日下午16:00激情上演

POP的策划是有前提的。首先，我们要清楚做这个POP的背景和目的。其次，我们要了解市场的动态及前景。第三，调查周边销售场所的销售情况。第四，考虑与产品的整体营销策划同步进行。第五，了解消费者的消费行为、消费心理、接受能力和市场同类产品的销售现状等关键性问题。

考虑了以上几方面，理顺思路，就可以着手做设计的准备工作了。

1.根据调查的材料和反馈的信息进行构思，力求表现准确。

2.把握重点，调整好文字、图形、色彩诸要素之间的关系，符合一定的美学原则，具有鲜明的广告特征，强调条理性、逻辑性、趣味性。

3.具有强烈的视觉效果和亲和力，容易引人注意，易于阅读，给人留下印象，还要与卖场环境相协调。也就是具有一定的艺术性。

此外，在设计时还要把握住设计的独创性，统一性。

[三]POP文案设计

POP的文字主要包括主标题、副标题、说明文字等，也就是我们常说的文案。但这些文字内容不是所有的POP都需要，可根据不同的POP类型（如广告POP、挂旗POP、货架POP、陈列架POP、贴纸POP、瓶颈POP等）进行重点选择，也可分别单独运用。

文案的设计要与所举办活动的内容一致，且文案内容不宜过多。过多的文字容易让人觉得烦琐、乏味，也就不具备POP简洁、明了的特点了。

主标题

主标题是POP文案的重心，是提示性语言的重点，也是文案中首先吸引人眼球的要素。

1.一般字数控制在4~5个字以内，在2秒内能阅读完为限。

2.主标题的设计要简明、醒目、清晰，在设计时的装饰框、纹样、色彩等的处理都应以不影响阅读为准则。

3.主标题的字号最大，字体选择应与副标题及说明性文字有所区别。

副标题

副标题是主标题的补充性说明文字。当主标题作为一个提示性语言符号还不能充分对POP相关的内容表达清楚时，副标题的出现就很有必要。主标题是吸引大众视线，而副标题则起到进一步解释说明的作用。

副标题的字体在设计时可选择电脑里的POP印刷体，或在这些字体的基础上再进行设计。

注意事项

1.副标题的字体与主标题的字体在色彩、大小及装饰上应有所区别，以显示主次感、层次性和跳跃性。

2.副标题的字体设计要遵循的仍然是识别性这一原则。无论采用何种装饰手法都应以准确、清晰识别文字信息为准则。

3.装饰手法不宜过多，要考虑整体版面效果，避免造成版面花乱。

4.主标题、副标题的装饰手法在有所区别的基础上需把握好它们的统一协调性。

说明文字

说明文字是POP的解释、说明性文字。它将POP所要传达的信息内容详尽地传递给大众。

由于说明文相对于主标题、副标题而言字数较多，因此在设计文案内容时，要注意以下几点：

1.文案要简明扼要，条理清晰，最好是分条书写。能让人顺畅阅读，这才是关键。

2.文案要精到，避免赘述不清。

3.说明文的字体选择要与主、副标题有所区别。通常选择一些易于识别的字体及字体的装饰不宜过多，以方便读者阅读。字号相对主标题、副标题而言较小。

4.字体的选择控制在1~2种为宜。

> 为了迎接母亲节的到来，小精灵特别推出几款精美礼品作为您赠送母亲的最佳礼物。
> 买礼品送赠品，机会难得，不容错过。欢迎选购！
> 时间：2005年5月1日~15日
> 地点：小精灵礼品连锁店

葡萄蜜汁
西瓜绿茶
草莓红茶
柠檬奶茶
……口味多多
欢迎品尝……

总之，POP在文字上的整体设计要注重变化、层次、趣味、准确、整洁及协调统一，这样才能实现POP的"卖点"功能。

[四]手绘POP与电脑POP

　　我们平时接触的平面类POP的制作主要有手绘和电脑制作两种方式。

　　手绘POP是一种以纸张、颜料、铅笔、彩笔、麦克笔、胶水、圆规、喷笔、毛笔、笔刷、丁字尺、立可白、双面胶、裁纸刀、直尺等为基本绘画制作工具的广告设计形式。

　　手绘POP的制作材料简单、方便，成本相对较低，易于被商家接受。手绘POP处理形式灵活，常常能在具有一定美术绘画功底的设计师或美工人员手中得到生动的体现，在色彩、文字、图形的设计处理及编排上都具有很强的亲和力。由于受纸张等材料的限制，手绘POP通常应用于较短期的商业行为中，以平面的形式表现较多。

案例设计:周晗

电脑POP主要是运用电脑这一现代化设计工具设计、处理、制作的。有机打和印刷两种输出方式。电脑POP适用于较长期的广告宣传活动，且印刷尺寸规范统一、制作精美、色彩鲜亮、形象美观大方，方便大批量制作，可重复使用和密集使用；可以根据实际需要将宣传对象的实体图片放到版面中，增强宣传效果；方便制作大幅、大面积的宣传海报，也可以制成卡片等便携物，增加宣传的流动性和立体性。

电脑POP不仅适合平面广告形式，而且在展示卡、展示架、吊挂POP等立体形式上都普遍适用。

利用电脑字体进行加减改变。

借用电脑的绘图功能直接进行创作。

根据设计目的将字体进行一定的穿插组合，来增强传达的趣味性。

[五]电脑POP字体设计

文字在POP中是不可缺少的视觉元素，它将活动的主要信息直接传递给读者，告诉读者"在这里""有什么活动""快来吧"，这样一些信息。

通常在电脑字库里我们会选择诸如："POP广告字体""彩云体""齿轮体""淹水体""香肠体""石头体""花瓣体""妞妞体"等字体，这些字体形式活泼，具有较强的亲和力。我们还可以宋体、黑体等为基础字体，在此基础上做一些诸如拉长、压扁、倾斜、扭曲、肌理、边框强调等的字体设计，这样设计出的字体别具一格，具有较强的差异性识别效果，更会突显出与众不同的韵味与吸引人的效果。

D.对字体进行扭曲、增加透视、增加立体感等效果，配合画面内容宣传。

电脑中的POP字体：

POP字體設計——POP繁體
POP字体设计——POP
POP字体设计—海报体
POP字体设计—彩云体
POP字体设计——齿轮体
POP字体设计——粗钢笔行楷
POP字體設計—雕刻體繁
POP字体设计——古印体
POP字体设计——广告体
POP字体设计——胡子体
POP字體設計——琥珀繁
POP字体设计——花瓣体
POP字体设计——火柴体
POP字体设计——踤狗体
POP字体设计——荆棘体
POP字體設計——勘亭流繁

POP字体设计——霹雳体
POP字体设计—石头体
POP字體設計——誰的字體繁
POP字体设计——习字体
POP字体设计——香肠体
POP字体设计——潇洒体
POP字体设计——新艺体
POP字体设计——淹水体
POP字体设计—圆立体
POP字体设计——中钢笔行楷
POP字体设计—竹子体
POP字体设计——中特广告体
POP字体设计——妞妞体
POP字体设计——中行书
Pop字体设计——大颜楷
Pop字体设计——中隶

[六]电脑POP插图设计

在一幅POP作品里，如果纯粹以文字表现，常会使人感到单调无味，缺乏亲切感。如果能创作一些与文案内容搭配适当的小插图，就能给POP增添不少生气，也更能营造良好的活动氛围。插图可直接在软件里绘制，也可在纸张上绘画完成后利用扫描仪扫描到电脑中通过软件进行处理。

轻松完成对素材的各种编辑修改

POP的插图设计制作要注意以下几点：

1.POP中的插图多数情况下是对POP内容的图形化说明，形象与主题内容需相符。

2.插图的设计要具有亲和力，一些卡通化的形象更符合现代人休闲、放松的心理。

3.插图还可以与一些图形、色块搭配，但要注意在色相、明度、纯度之间拉开它们的层次。一般来说，插图在色彩上会以较鲜亮的面目出现。

在CorelDRAW中,我们也可以很方便地将手绘完成后的作品扫描到电脑里作素材，或通过其他CorelDRAW接受的软件格式的素材"导入"进来处理。

[七]电脑POP色彩设计

我们经常会在商场或超市及公众场所看到许多色彩搭配得赏心悦目的POP广告。作为POP中视觉传达的要素，色彩在不知不觉中左右着我们的视线。很显然，色彩在POP的展示中具有非常重要的作用。

色彩的属性

色彩可大致划分为无彩色和有彩色两类。

无彩色即黑、白、灰。但这仅仅是从物理的角度看，从生理、心理及化学的角度看，黑、白、灰仍可称为有彩色。

有彩色是指有明确色相，即红、橙、黄、绿、青、蓝、紫等颜色。有明确的明度和纯度的不同色相都属于有彩色系。因此，有彩色的颜色是千差万别数不胜数的。

我们在POP的用色上可以根据主题内容自由发挥。

客观色彩世界的作用会引起主观心理反应。人类对色彩的感觉能力是极其敏锐的。鲜艳华丽的色彩和消极沉闷的色彩都极易左右人们的情绪和行为。但作为社会活动的主体，人们由于受各种环境、经历等因素的影响，每个人对相同或不同的色彩都会带有一些主观感受。因此，有必要对色彩的性质有所了解，以便设计出的POP色彩能最大限度的符合大多数人的审美需求。

色彩与人的心理、生理有密切的关系。在长期的生活当中，人们已经形成了对不同色彩的不同理解：或给人以华丽、朴素、雅致、鲜明、热烈的感觉，或使人感觉到喜庆、愉快、舒适……相同的色彩运用于不同的主题和环境会激发人们产生不同的情绪。不同的色彩根据主题的不同而具有不同的渲染效果。

事实上，色彩心理和色彩生理是同时交替出现的，它们之间相互联系又相互制约。当色彩刺激引起心理变化时，也一定会产生生理变化。例如：糕点店的POP根据需要运用暖色调进行装饰，这样能对消费者产生心理暗示，从而完成色彩心理和色彩生理从视觉到味觉的转变。

下面分析几种常用的有彩色和无彩色的色性，以便能更好地了解它们所具有的深层含义，在设计中能更为合理地运用。

红色：使人感到兴奋、热情、健康、充实、饱满、幼稚、危险、喜庆、新鲜、具有挑战性。

橙色：快乐、温情、积极、明朗、华丽、温暖、愉快、幸福、辉煌。

黄色：轻快、透明、希望、丰收、温柔、不成熟、激动、警戒。

绿色：生命、青春、永远、深远、公平、凉爽、安静、和平、生机、希望、温和、安全。

蓝色：透明、清凉、冷静、深远、流动、希望、自由、永恒、理性、诚实、可信、无限、速度、沉稳。

紫色：高贵、神秘、优雅、细腻、华丽、娇艳。

黑色：沉着、稳重、坚实、刚健、厚重、古典、死亡、恐怖、绝望、肃穆。

白色：纯洁、干净、明快、神圣、纯粹、朴素、空虚、单调、高雅、飘忽不定。

灰色：雅致、谦和、忧郁、中庸、含蓄。

以上几种基本色是设计POP时经常运用到的。应根据不同的活动、庆典、季节、所面向的群体以及这些群体的性别、年龄、文化层次等因素来选择使用不同的色彩搭配，以便得到最佳的视觉效果。

性　别：女性喜爱较柔和温暖的颜色，如暖色、粉色；男性则偏好较沉稳的色彩，如：冷色、中性色。

年　龄：儿童对纯度比较高的色彩敏感；青少年迎合鲜艳及粉色等明亮、活泼的色彩；成年人则偏好成熟、稳重、耐人寻味的色彩；明视度高的色彩则更能吸引老年人的注意。

文化层次：文化层次相对高的人群，适合用较含蓄、低纯度色，但细节跳跃的色块仍是不可缺少的；面向大众群体的通常会使用令人感到活泼、愉快的色彩。

季　节：不同的季节可选用与之相对应的色彩，但要考虑与所举办的活动或庆典内容相符。

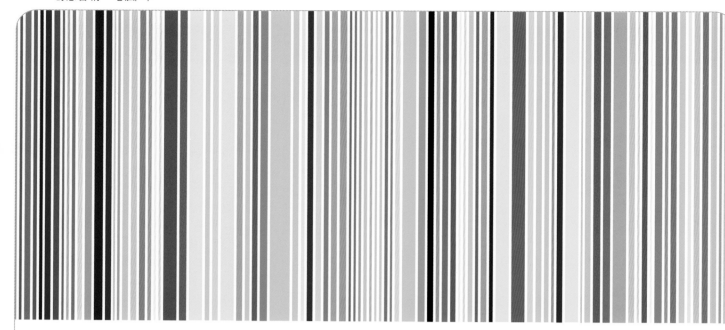

需要注意的是，在进行POP设计时应尽量避免只使用无彩色，面积过大的无彩色容易使人感觉压抑、沮丧。

色彩感受并不仅局限于视觉，还包括其他感受器官的参与。如听觉、味觉、触觉、嗅觉等。这些都会影响色彩的心理和生理反应。总之，我们在进行POP的色彩设计时应从整体上准确把握色彩情感、环境氛围和受众心理。

配色原则

POP是要在特定的时间周期内吸引消费者去关注从而实现其商业目的的广告形式。因它的配色应遵循醒目、活泼、干净、整洁、疏密有致、协调统一这一原则。

POP中的配色不能仅仅从局部考虑色彩本身是否好看，而要从整体的版面布局，包括文字、图形、装饰纹样等方面综合考虑，这样才能从整体上把握各要素之间的比例、均衡、节奏等关系。

色彩的统一与变化原则是POP中要考虑的配色问题。为避免色彩的无主次及用色混乱，在配色时应注意把握整个版面的大色调，这就是统一；在此基础上选择一些与主色调搭配协调且有层次及对比的色彩，这就是变化。

色彩搭配就是指两种或两种以上的色配合适当，相互协调、和谐。POP作品中几乎没有只用一种色彩进行设计的，主体色往往与其他的辅助色搭配，在设计的过程中要注意色彩的冷暖、主次、强弱、面积的大小等对比。

[八]电脑POP版式设计

POP的版式设计,在视觉传达上要求符合一定的规律。合理、熟练地进行版面的布局、设计,能使整个POP版面疏朗有致、重点突出、易于阅读,能更好地吸引大众的注意。

在POP的版式编排中,根据视觉流程的要求,视觉重心应在版面的中上位置,视觉由上而下,由左而右,呈左上向右下的弧形方向移动。

作为POP的文字内容,特别是主标题、副标题,通常放在视觉较为集中的中上部分,字体可采用较特殊的设计方法。例如可根据版面需要将字体适当放大,采用鲜艳的色彩,在文字周围留出一定的空白等都可以起到突出主标题、副标题的作用。

POP的版式设计是以文字(包括主标题、副标题、说明文字、地址、电话、Email等)、插图、装饰纹样、色彩为编排元素的,版式设计的作用就是让读者在最短的时间内了解POP的内容并能顺畅地进行阅读。

主标题、副标题、说明文字并不是同级的关系,应有主次之分,通常是从主标题到副标题再到说明文字。

在设计时应注意区分主标题、副标题、说明文字之间的关系。

方法可采用诸如字体的区分、字号的区分、文字的重点装饰、色彩强调等。需要提醒的是文字的字距、行距的恰当把握。通常较为合适的字距为二分之一个单字宽，行距为单个字高。当然，这只是常规的设计方法，可根据实际情况作适当的调整。

其次，插图、装饰框的形象、大小、位置及色彩都对版面的合理布局起到突出和引导的作用。此外，在整个POP内容的四周留出一定的空白会使版面在视觉上显得开阔、轻松。

总之，POP的编排设计应遵循统一变化的原则，使版面具有层次感，形成远、中、近的空间效果。

[九]电脑POP装饰框

POP的装饰框具有调节版面效果、充实画面内容的作用，它与图形、色彩、文字等元素结合，是常用的一种装饰方式。

[十]电脑POP制作软件介绍

目前，在国内，大多数的广告设计师和美工设计人员在进行POP设计时运用得较多的是CorelDRAW、Freehand、Illustrator，还有逐渐流行的Flash等软件，这类软件我们称之为矢量绘图软件。它们具有强大而易于掌握的图形绘制功能，易于学习，可根据个人的想法将设计元素表现出来，具有修改方便，图形可任意放大、缩小而不改变图形清晰度、平滑度，文件占用空间小等优点。此外，以上软件还具有强大的排版功能。因此，熟练地掌握此类软件是我们能顺利地进行设计表现的便利工具。本书具体介绍用的软件是CorelDRAW。

电脑POP制作篇

Point of Purchase

"羊毛衫" 制作手记

"羊毛衫"系列案例设计:方如意

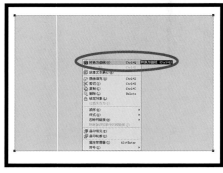

（图3）

3

接下来选择工具条上的"形状工具"。将"形状工具"靠近矩形的轮廓边线,然后点击鼠标右键,在弹出的菜单选择"转换为曲线"。

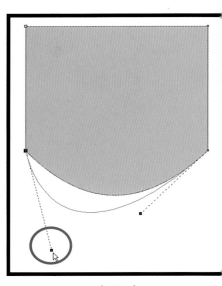

（图6）

6

移动曲线节点的调杆进行圆弧的调整。

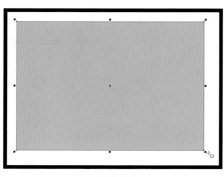

（图1）

1

打开CorelDRAW,选取窗口左边"手绘工具"设定其轮廓线宽度。然后我们以该工具自由画一"线球",此图形可作为"小羊"的身体。

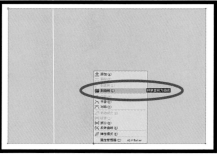

（图4）

4

继续在矩形的边线点击鼠标右键,在弹出的菜单选"到曲线"。

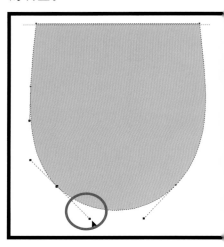

（图7）

7

然后对弧线调节结点进行微调直至得出该图形。

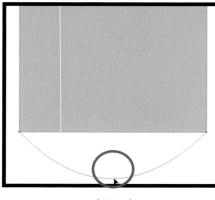

（图5）

5

用"形状工具"移动已经"到曲线"的边缘成弧线。

（图8）

8

选取窗口左边工具条上的"螺旋型工具",并在窗口上方该工具的"状态栏"里对螺旋的圈数进行适当的设置。

用该工具拉出一矩形框。

（图2）

2

（图9）

9

我们绘制出该图形。

（图10）

10

使用"贝塞尔"工具绘制并调整出"小羊"的脸。

（图11）

11

点取窗口左边工具条上的"交互式网格填充"工具。

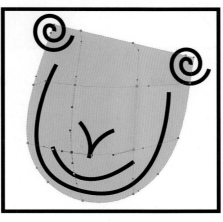

（图12）

12

点选"交互式网格填充"在小羊"脸"上出现了填色网格。在网格中，我们使用该工具选择位于整修网格中心的节点。

（图13）

13

点击选取调色板中设定的颜色进行节点着色。

我们看一下"小羊头"完成后的效果。

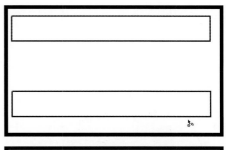

（图14）

14

使用"矩形工具"画一"方条"并进行复制，然后选取"交互式调和工具"在窗口上方该工具状态栏调整其合适数值。

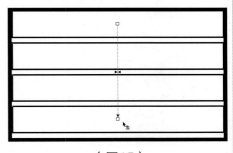

（图15）

15

在两方条之间拖动该工具。

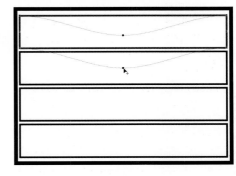

（图16）

16

选取"封套工具"，使用该工具全选"方条"中心的节点向下按动方向键，调整节点的位置。我们对上下两端的"方条"都用相同步骤。

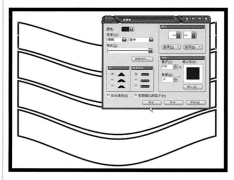

（图17）

17

　　调出"轮廓线属性面板"，设置其轮廓线宽度及色彩。

（图18）

18

　　再复制其两个图形，然后将它们首尾相接旋转调整成该标志。

（图19）

19

　　将以上元素进行组合便得到了一只小羊。

"听"就听最★的

"Star Music"制作手记

Star Music

"**星**"音乐台是一家定位于城市时尚与潮流代言的媒体,其主要服务对象是以最容易喜新求变追随潮流的年轻人,全天24小时滚动播出,节目以全球华语娱乐的最新动态为主要内容。

为了这个城市里特有的一大群工作或生活在夜里的人们,"星"音乐台在每天的深夜23:00至凌晨1:00都会邀请部分听友来到俱乐部共同进行节目的实时直播互动。同时会在互联网和电话中随时与参与的听众进行互动。

FM 99.6 兆赫

"星"音乐台LOGO

Music BOX

频道波段

"星"音乐台是一家定位于城市时尚与潮流代言的媒体,为满足最容易喜新求变追随潮流的年轻人的娱乐需要,将全球华语娱乐咨讯全天24小时滚动播出,代言城市年轻人24小时的娱乐生活方式。

"Music BOX"是一台符号化的收音机,直接体现该媒体的传播载体特征,它的形象简单时尚,科技感和现代感很强的外形,直接反映了该媒体借助现代科技手段来延续和发展该种媒体的传播形式。

液晶显示屏上直接出现的是该媒体的波段,干净利落。

听众定位

时尚的耳机造型明确指向不受束缚、喜欢自我做主的年轻一代,同时也提示该媒体打造新式传播模式来符合受众需要。

AM10:00 PM:16:00

金属广场

节目类别

该媒体注意细分受众群体倾向和个体倾向的需求,一周七天根据时段安排不同风格的节目来回应受众的喜好。

时段安排

蓝色点唱机是媒体与受众互动的标志,是媒体引导和回应受众的重要方式。

Star Music
音乐台

1.我们先来做Music BOX。从它的面做起。打开CorelDRAW，按住Ctrl键选取"矩形工具"，按住鼠标左键，拉一等边矩形框。

2.选取"形状工具"移动矩形框直角处节点成弧线。

3.选择"轮廓工具"调出轮廓属性面版对轮廓的颜色和宽度进行必要的设置，同时勾选"按图像比例显示"此项。

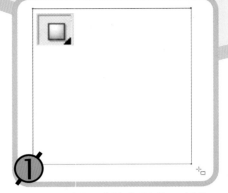

4.选取"基本形状工具"，并纵向拉出一与"矩形"等高的菱形。

5.点击该菱形成旋转模式，并旋转该菱形使其高与矩形的高平行。然后移动菱形到矩形处，使两边交叠一线。

6.点击选中矩形，然后按住Ctrl键用"挑选工具"，当光标变成双箭头时从左至右横向移动矩形中间节点，然后在按下鼠标右键之后再放开鼠标的左键，这样我们就得到该矩形的一个"镜像复制"。

7.点击选中该复制矩形，选择"封套"工具。

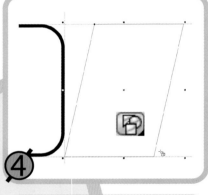

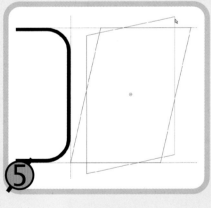

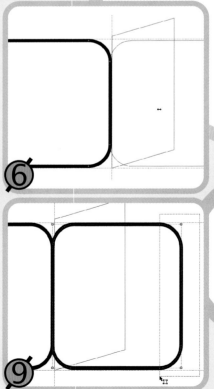

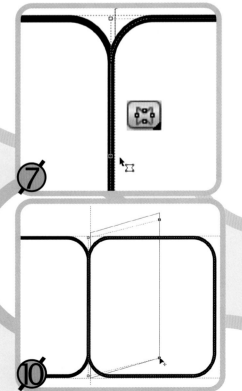

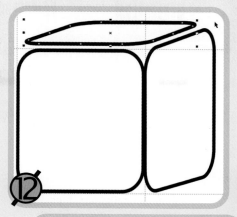

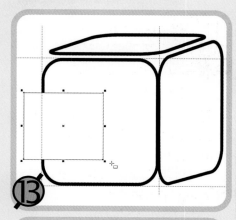

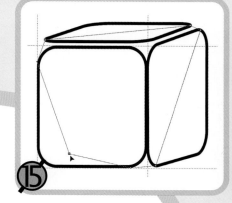

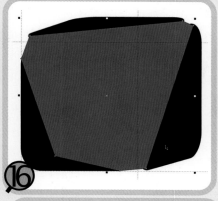

8.使用该工具。并用鼠标右键点击任意两节点之间的连线，在其弹出菜单中选择"删除"项，删除对象四面居中的节点。继续用鼠标右键点击任意两节点之间的连线，在其弹出的菜单中选择"到直线"项，依次定义完成四条线的直线属性。

9.用"封套工具"同时获取复制矩形右边两节点。

10.将两节点移动，使其与菱形同边的节点相吻合。

11.得到该矩形透视。

12.使用以上相同方式再制作一矩形透视面，完成后我们就得到了一个Music BOX。

13.用"矩形工具"画一任意矩形框，点击"调色板"中"去除轮廓范围内着色"工具将轮廓内的着色清除，留下轮廓线。

14.选择"形状工具"，用鼠标右键点击该矩形轮廓线，在弹出的菜单中选择"转换为曲线"项，将转换了曲线的矩形移至"音乐盒子"处，用鼠标右键点击矩形轮廓线，在弹出菜单中选择"添加"项，增加节点。

15.增加适当节点来进行矩形外形的调整，为MusicBOX做个底层。

16.分别为调整好的矩形和Music BOX的底层着色。

17.选择菜单里"排列"项下拉，然后"顺序"项下拉，找到"在后面"此项，点击符合命令条件的Music BOX的面，完成图形的先后排列顺序。

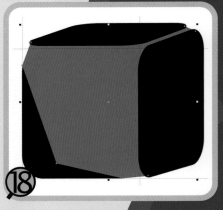

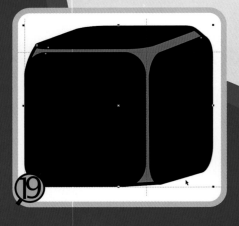

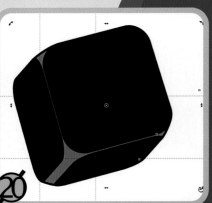

18.重复该项操作直至所有对象先后次序排列妥当。

19.最后排列妥当的效果。

20.全选所有对象并旋转到合适角度。

21.选择"图纸工具",然后在该工具的状态栏里根据实际需要设置纵横列的数据。

22.先按住Ctrl键,接着用"图纸工具"画出一正方形网格并点击"轮廓工具"设置该网格的轮廓线宽度、色彩等属性。最后点击调色板里的去除填色工具。

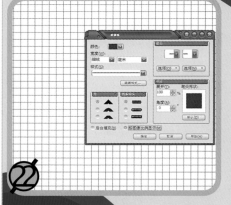

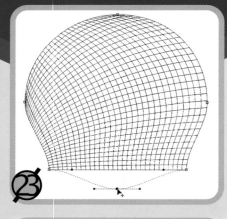

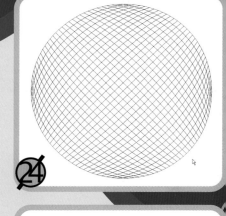

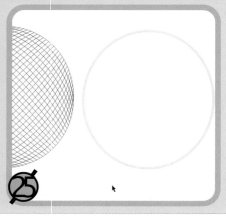

23.选取网格，用"封套工具"选中它，在出现的六个红色的节点中选取任何一个居中的结点，并用小键盘上的方向键控制其扩张程度，四面居中的节点都分别依此方法进行同样的操作。

24.删除四个直角处的交结点得到一张带透视的圆形网格。

25.先按Ctrl键，再选择"椭圆工具"绘制一圆面积形，要与原形网格大小相仿并去掉轮廓内的填色。

26.点选圆形网格，选择菜单"效果"下"精确剪裁"下"放置在容器中"。

27.将出现的黑色大箭头点击在刚才绘制的圆形轮廓内，我们就完成了喇叭护网的制作了。

28.制作喇叭并完成其光影效果。

29.全选喇叭与护网，选择"对齐与属性工具"，在调出的属性面板里设定"共同居中"效果来完成喇叭与护网的组合。

30.制作完成。

在前面的制作里面,我们已经使用了CorelDRAW的基本绘图功能,而且我们还知道了CorelDRAW能对矢量图应用多种特殊效果,有如三维旋转、封套、调和、立体化、轮廓图这些效果等等,非常方便的让我们模拟出立体效果。

技术提示

既然是做宣传品，当然少不了对文字要有安排。

我们可以根据POP内容的需要进行文案的表现，有时必须要以清楚明确的行文来告知受众。虽然CorelDRAW这个软件不是专门的排版软件，但CorelDRAW也提供了强大的文字处理功能与文字特效功能，能够满足我们处理美术字和段落文本等要求。

CorelDRAW的文案处理具有横排、竖排、首字下沉、项目符号、上下标、上下画线等多种专业排版中都有的功能，而且还能够同时对文字应用缩放、旋转、倾斜、立体化、封套等特殊效果。还能通过路径与文字的结合与图文混排，并可使文字在任意图形、路径中排列，或以任意形状对齐、排列、组合。还能把文字转换成矢量图形或位图图像，进行特殊处理。在处理少量文本时，其功能之丰富完全足够我们进行POP文字处理。

"好樂多"制作手记

liao
le
duo

好樂多超市

为客户做方案的时候，存在争议最多的地方主要有两方面：

另一方面：卖场是一个以便民为获利条件的地方，绝大客户是居住在每个连锁店附近的消费群且消费习惯相对固定，吉祥物的作用是保持并适当提升顾客对卖场的亲近感和忠诚度，不宜单方面显现太强的企业意图，使客户失去超市购物"自由"的乐趣。设计针对对象为所有光临卖场的顾客，使客户在消费环境中处处有做"主人"的快意。

一方面：现今超市卖场同质化使竞争加剧，吉祥物作为卖场的形象代表，应该是以卖场的特点为最佳体现，建议设计一品貌俱佳的销售代表的卡通形象，使来访的客户对卖场的专业化和现代化有个直观的认识，以方便快捷的服务为特点拉开与对手的档次。

设计师通过整合反馈上来的意见，和业主形成了共识。

1.超市是顾客的超市，"自由"是企业对顾客的吸引力，满足顾客的精神要求和物质需求同等重要。

2.超市的服务素质是参与市场竞争的必要手段，不需要特别向消费者强调和符号化，应该在细微处注意和主动体现。

恭贺新禧 电家小 好樂多超市 Hao Le duo

The design copyright of the emulation returns FANGRUYI & LIJIANG to own 2005

"好樂多"超市系列案例设计:利江

好樂多超市的吉祥物

设计说明:

　　吉祥物的设计是一个处于满足状态下的消费者的形象,自然(且有些得意)的笑容,满载而归的双手——既体现了超市能够满足顾客的物质需求,又含带顾客在此的需要得到了满足和对企业服务的认同。

　　该吉祥物的设计特色在于准确把握企业要求,同时又很好地结合企业的特点——商品种类繁多的实际。其没有轮廓的笑脸为结合所需要宣传的商品留下方便融合的基础;而且夸张的一口牙更是提高了该吉祥物的识别性,容易成为其标志性的记忆点;手绘式的风格设计更是方便将其以各种宣传手段进行复制应用,使得形象的连续性得到统一与加强。

"护齿节"开始啦

好樂多超市 全场护齿产品部

活动日期：8月8日至18日
活动地点：好樂多连锁超市

活动期间购物满50元(含50元)以上,凭购物电

所有海鲜限时2折 每晚19:00至19:30

海鲜

好樂多超市

无公害
时令蔬菜

好樂多超市

电
家
小

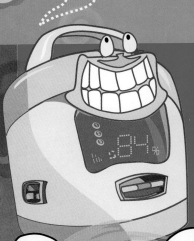

好樂多超市

我们先从特征明显的牙齿做起。首先打开CorelDRAW，在窗口左边的工具条上选取"矩形工具"。

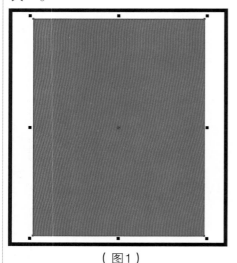

（图1）

1

 用该工具拉出一矩形框。

提示:在使用"矩形工具"画图前先按住Ctrl键,然后再进行拉放,我们就可以得到一个等边的矩形。

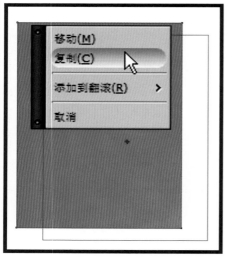

（图2）

2

先按住Ctrl键，用鼠标右键移动该矩形，然后在放开鼠标右键的时候，在弹出的菜单里选"复制"项，我们就得到与该矩形相同的一个复制矩形框。

（图3）

3

选择工具条上的"交互式调和"工具。

在窗口上方的"交互式调和工具"的状态栏内输入调和数据"4"。

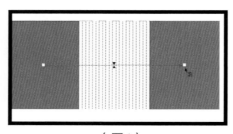

（图4）

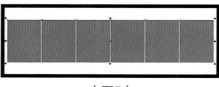

（图5）

4

使用该工具在两个矩形之间拖放，我们可以看见连续的矩形出现。

5

这样我们就得到了六个同样的矩形，一排牙就做好了。

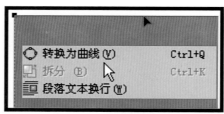

（图6）

6

接下来选择工具条上的"形状工具"。将"形状工具"移至左边第一个矩形的边线，然后点击鼠标右键，在弹出的菜单选择"转换为曲线"。

（图7）

7

继续在矩形的边线点击鼠标右键，在弹出的菜单选"到曲线"。

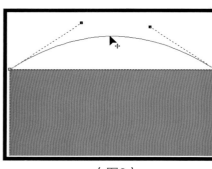

（图8）

8

按住鼠标左键,移动矩形边线成弧线。

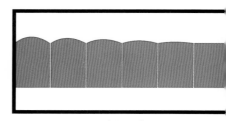

（图9）

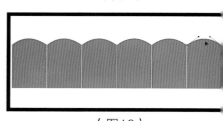

（图10）

9

我们可以很清楚地看到未改变外观的矩形与改变外观的矩形的一个渐变的过程。

10

再用同样的方法调整最右边的矩形。

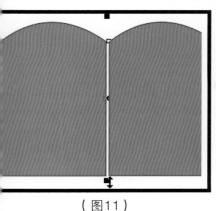

（图11）

11

在这里我们要做一个"镜像复制"。先全选全部对象，然后按住Ctrl键，将光标移到黑色的节点上，这时候光标变成了一个上下指示的箭头，我们按下鼠标的左键向上移动鼠标。

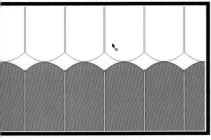

（图12）

12

按下鼠标的右键之后再放开鼠标的左键，我们就得到了同样的另一组复制对象,当然，它是我们需要的"镜像模式"。这样就得到了上下两排牙。

13

全选图形点击"群组"按钮或使用快捷键Ctrl+G进行群组。

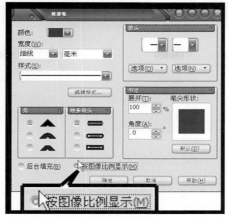

（图14）

14

全选图形并点击"轮廓"按钮，调出"轮廓笔面板"进行需要的设置。

提示:在设置完毕"轮廓笔"后,在该面板下方勾选"按图像比例显示"项,我们在对对象进行缩放的同时,对象的轮廓线随对象的大小变化按比例自动同时发生变化。

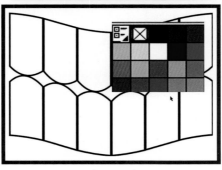

（图15）

15

如图所示,我们得到了变更了轮廓线宽度的对象,然后我们用鼠标左键点击"调色板"上带"X"的白格,将内部填色去除,只留下轮廓线。

（图16）

16

用鼠标右键点击对象,在弹出的菜单选"取消全部组合"。

（图17）

17

继续用鼠标右键点击取消了组合的单个对象,在弹出的菜单中选"转换为曲线"。

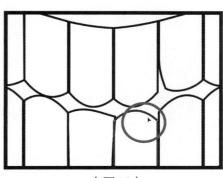

（图18）

18

用形状工具进行调整。

这样,我们就完成了一口牙的制作。

接下来为这口牙安个"家"。选择工具条上的"手绘工具"。

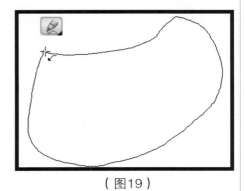

（图19）

19

用"手绘工具"绘出嘴形。

提示:在使用"手绘工具"进行绘图的时候,如果起点和终点没有封闭,绘制的图形是以线的形式体现。点击状态栏上"自动闭合曲线"按钮线的起点和终点就会连接闭合,我们得到由线框形成的面。

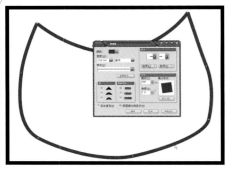

（图20）

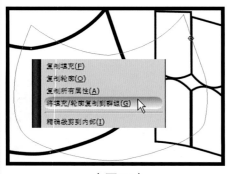

（图21）

（图22）

20

按步骤进行轮廓线的调整。

21

用右键拖动"嘴形"到"齿形"群组处,松开右键,在弹出菜单中选"将填充/轮廓复制到群组",完成属性一致。

22

选中"齿形群组",点击菜单"效果"下的"精确剪裁"下的"放置在容器中"选项。

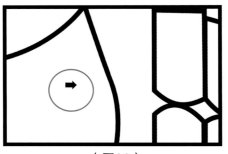

（图23）

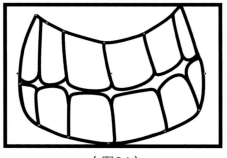

（图24）

（图25）

23

将随后出现的黑色大箭头移到"嘴形"处并点击。

24

"齿形群组"被放置在以"嘴形"为范围的"容器"中。

25

根据设计继续添加剩余的内容便完成了吉祥物的造型。

提示:在使用"放置在容器中"命令的时候,被放置内容是以居中的形式对齐的。

（图26）

26

选择"艺术笔工具",并确定笔刷的大小及笔刷的形式。

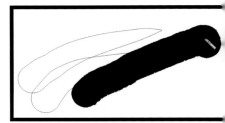

（图27）

27

根据设计进行绘制。

（图28）

28

选择"挑选工具",在所绘制笔刷边缘处点击右键,在弹出的菜单中选择"拆分艺术样式组在轮廓"将笔刷转换为可填充面。

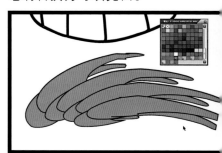

（图29）

29

对绘制完成的内容进行着色。

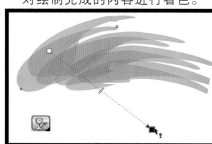

（图30）

30

选择"交互式透明工具",对绘制内容进行作用。

"K歌之星"激情大赛

精彩就在9·16晚20:00学院大礼堂 Music

"K歌之星"系列案例设计:方如意

Music **K歌之星**

　　每年一度的校园文化艺术节是全校师生的欢乐节日，"重在参与，尽情娱乐"的氛围则是每次"K歌之星"大赛的目的。POP的宣传突出体现了这种轻松和快乐，色彩醒目，画面元素成系列出现。

"K歌之星"制作

NO.1 用"矩形工具"拉出POP背景。

NO.2 再用"矩形工具"拉出一个小框。

NO.3 在窗口上方状态栏里输入与背景同宽度数据。

210.00 mm
55.796 mm

NO.4 全选两矩形,并在窗口上方状态栏里点选此 符号进行对齐。

NO.5 在较小的矩形上点右键,在弹出的菜单中选"转换为曲线"。

转换为曲线(V)　Ctrl+Q
拆分(B)　Ctrl+K
段落文本换行(W)
撤消移动(U)　Ctrl+Z
剪切(T)　Ctrl+X
复制(C)　Ctrl+C
删除(L)　Delete
锁定对象(L)
位图另存为(F)...

NO.6 用"形状工具" 移动节点。

NO.7 点击打开菜单"窗口"/"默认CMYK调色板"打开调色板,将选好的色彩直接拖到修改好的小线框里。

NO.8 看一下着色后的效果。

NO.9 选"基本形状工具"图里的星形。

NO.10 按住Ctrl键画一同心圆,并选择合适的线宽。

1.411 mm
无
细线
.176 mm
.353 mm
.706 mm
1.411 mm
2.822 mm

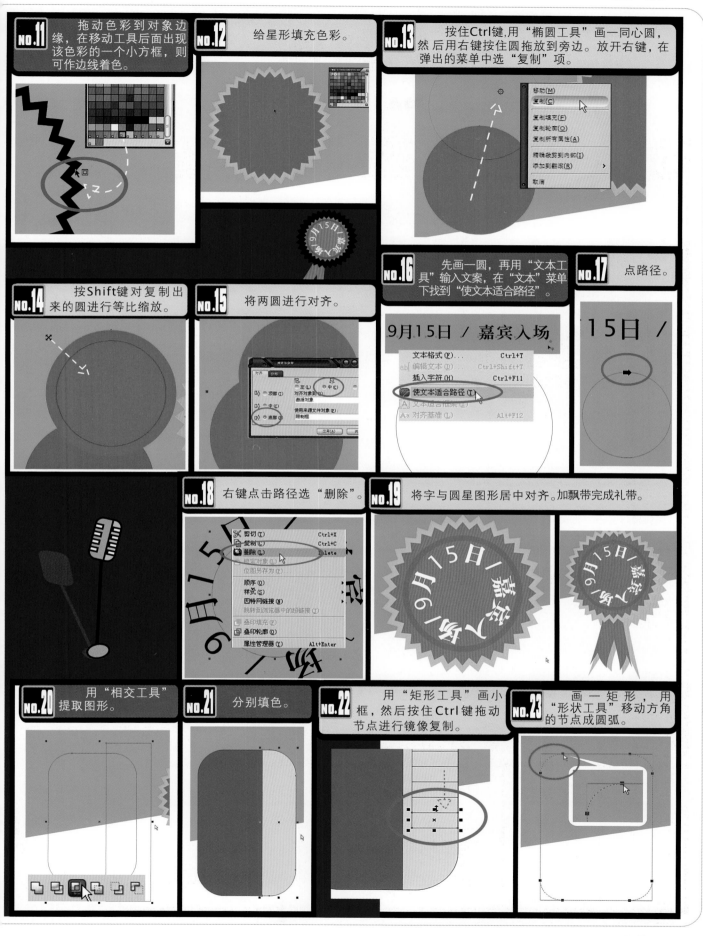

NO.11 拖动色彩到对象边缘，在移动工具后面出现该色彩的一个小方框，则可作边线着色。

NO.12 给星形填充色彩。

NO.13 按住Ctrl键，用"椭圆工具"画一同心圆，然后用右键按住圆拖放到旁边。放开右键，在弹出的菜单中选"复制"项。

移动(M)
复制(C)
复制填充(F)
复制轮廓(O)
复制所有属性(A)
精确裁剪到内部(I)
添加到翻滚(R)
取消

NO.14 按Shift键对复制出来的圆进行等比缩放。

NO.15 将两圆进行对齐。

NO.16 先画一圆，再用"文本工具"输入文案，在"文本"菜单下找到"使文本适合路径"。

NO.17 点路径。

9月15日 / 嘉宾入场

文本格式(F)...   Ctrl+T
编辑文本(D)...   Ctrl+Shift+T
插入字符(H)   Ctrl+F11
使文本适合路径(T)
文本适合框架(F)
对齐基准(L)   Alt+F12

NO.18 右键点击路径选"删除"。

剪切(T)   Ctrl+X
复制(C)   Ctrl+C
删除(L)   Delete
锁定对象(L)
位图另存为(F)...
顺序(O)
样式(Y)
因特网链接(N)
跳转到浏览器中的超链接(T)
叠印填充(F)
叠印轮廓(O)
属性管理器(Y)   Alt+Enter

NO.19 将字与圆星图形居中对齐。加飘带完成礼带。

NO.20 用"相交工具"提取图形。

NO.21 分别填色。

NO.22 用"矩形工具"画小框，然后按住Ctrl键拖动节点进行镜像复制。

NO.23 画一矩形，用"形状工具"移动方角的节点成圆弧。

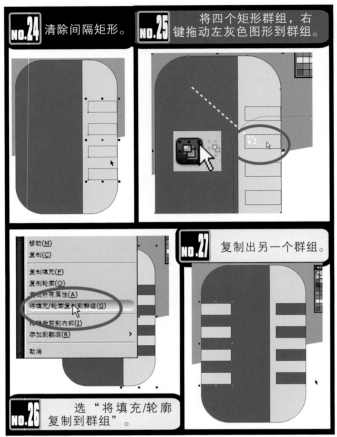

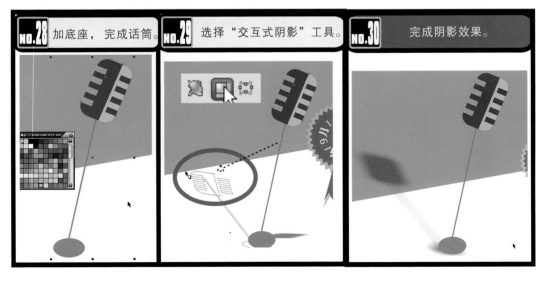

"FREE®/自由®"制作手记

技术
提示

正如在这个范例里呈现的那样,我们使用的CorelDRAW除了可以编绘矢量图形之外,其本身就具有强大的数据交换功能,通过"导入"功能可导入其他图形图像处理软件处理过的图。CorelDRAW中导入位图后,可对位图进行更多处理,还可使用CorelDRAW提供的Corel PHOTO-PAINT对位图进行处理,如裁剪、编辑、变形、缩放等。也可以将CorelDRAW中创建的矢量图导出为位图,以便在其他软件中使用。

CorelDRAW的位图处理功能也很强大,不仅可以改变位图的颜色模式,编辑位图,同时它也具备了如位图编辑软件PHOTOSHOP那样的许多特殊的滤镜功能,可以创造出美妙的画面。

它还可通过"描图"直接编辑、修改多种格式的图形图像文件,当编辑修改后还可以多种格式导出或另存为其他格式文件,非常方便地和其他软件进行兼容,有利于我们完成的POP设计能得到更好的支持。

> 提示:CorelDRAW可以直接处理位图图像,而且提供了丰富的位图图像特殊效果,并能通过Core-ITRACE 在位图与矢量图形间相互转换。

（图1）

1

选择窗口左边工具条上的"矩形工具"，绘制一矩形框。

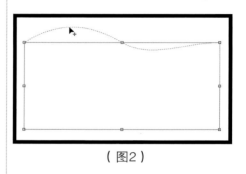

（图2）

2

选择"封套工具"，按住鼠标左键向上移动矩形框中心节点，左方的轮廓线成变弧形。

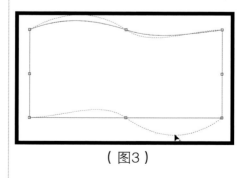

（图3）

3

使用相同的方法调整右边轮廓线。

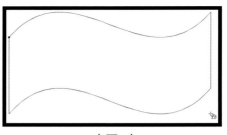

（图4）

4

将矩形调整为如图所示。

（图5）

5

复制该图形并横向对齐。

（图6）

6

将群组图形适当旋转。

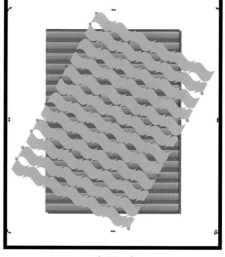

（图7）

7

将群组图形适当旋转。

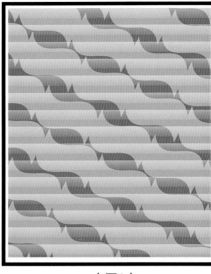

（图8）

8

旋转完成后，我们按住Shi键对群组图形进行等比放大。接选择窗口最上方菜单的"效果"的"精确剪裁"下的"放置在容中"项，将出现的黑色大箭头点背景。

接下来要做的是将已经在第三方软件里做好的素材置入到CorelDRAW里。

（图9）

9

在窗口的上方选择导入键，将素材置入窗口中来。

（图10）

10

先选中导入的位图，接着点击窗口上方的"跟踪位图"按钮，登陆 CorelTRACE，设置好描图数值。

提示:CorelTRACE是将位图矢量化的一个软件，描图数值的设置可以方便地让我们根据对细节的还原精度需求进行调节，数值由0到100设置，数值设置越高，还原细节就越接近原对象，但是文件的节点相应更多更复杂，计算时间加长，文件体积加大，所以在使用的时候尽量根据实际来设置数值，不要一味求大。

（图12）

12

对完成的图形进行保存，格式选择"CMX"。

（图13）

13

导入该"CMX"文件。

（图11）

11

画面左图是位图，右面则是已经矢量化以后的描图，可以看到比较完整地保持了位图的主要内容和细节。

（图14）

14

合成文案,进行排版。

（图15）

15

为不同的使用范围进行相应的色彩设置。

（图16）

16

连贯统一的形象提示。

（图17）

17

在工具条上选择"艺术笔工具"，调整其平滑度和大小到合适。

（图18）

18

（图19）

19

在书写过程中还可以随时进行笔触的变更和笔触大小的单独设置。

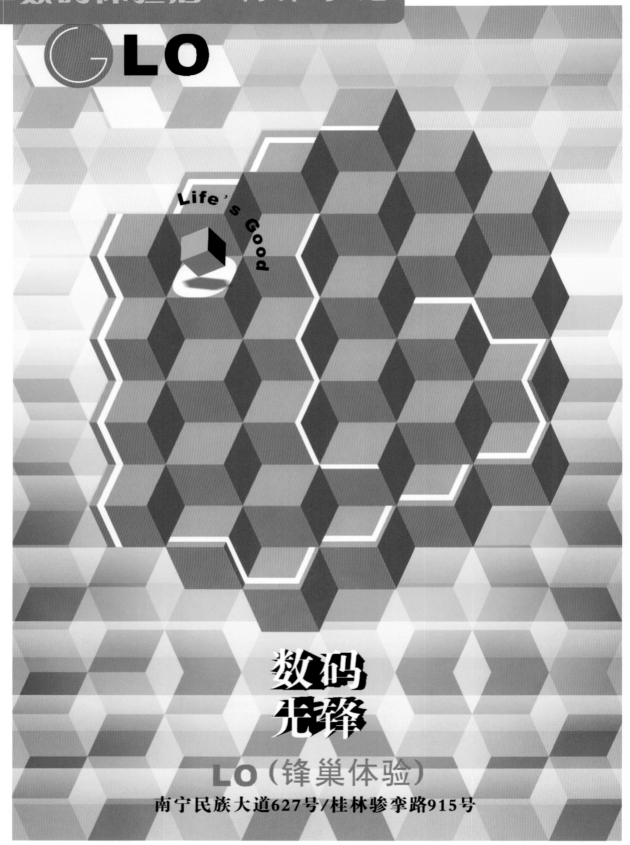

"LO数码体验店"制作手记

GLO

Life's Good

数码先锋

LO（锋巢体验）

南宁民族大道627号/桂林骖拏路915号

（图1）

1

在工具条上选择"基本形状工具"里的"完美"工具。

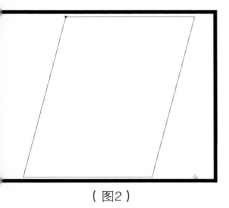

（图2）

2

拉出一菱形。

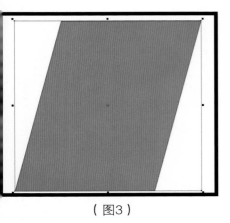

（图3）

3

用"矩形工具"画出一矩形，该矩形要和菱形等高等宽。

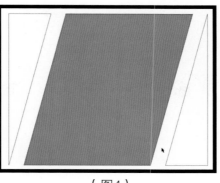

（图4）

4

用菱形对矩形进行修剪，先点击菱形，然后按住Shift键加选矩形，再点击修剪工具，得到对称的两个小三角形。

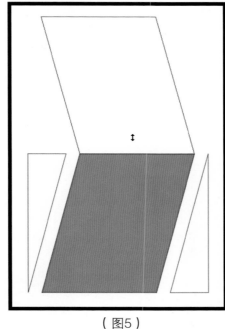

（图5）

5

在这里我们要做一个"镜像复制"。先选中菱形，然后按住Ctrl键,将光标移到黑色的节点上,这时候光标变成了一个上下指示的箭头,我们按下鼠标的左键向上移动鼠标,对菱形进行"镜像复制"。

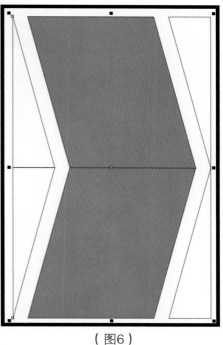

（图6）

6

依以上方法重复，得出此图。

（图7）

7

依照间隔重复,排列成行。

"**anycall**" 制作手记

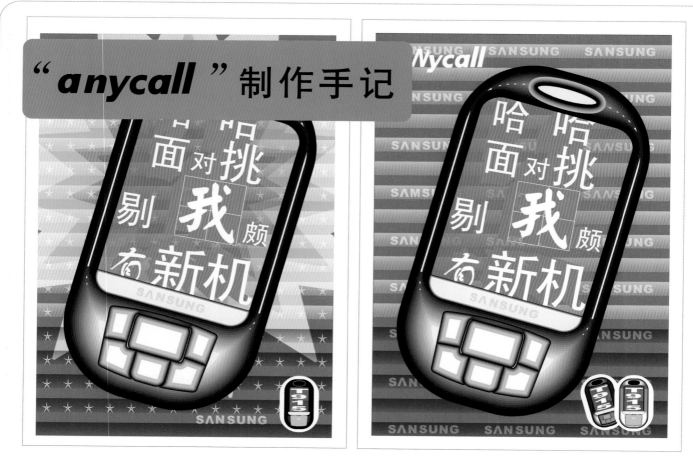

案例设计:利江

《面对挑剔,我颇有新机》
\anycall手机

该方案是anycall手机的POP招贴设计, anycall手机是手机时尚的领跑者, 其面对消费者各式需求而发布的新机型层出不穷, 作为将"科技时尚化"的这家企业更是明白消费者的每个挑剔的要求就是他们未来市场上独特的卖点, 设计师整合客户的要求推出了这套系列应季促销POP招贴。

anycall

（图6）

（图1）

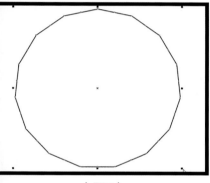

（图4）

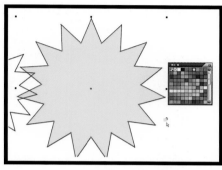

（图7）

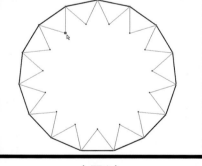

（图5）

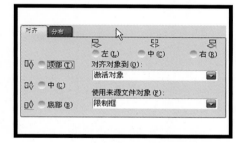

（图8）

3

选择工具条上的"形状工具", 用它选定该多边形中任何一节点并向内拖动, 使多边形呈一对称的星状。

4

完成后我们得到了具有同样星角的星形多边形。

5

点选该星形多边形, 接着按住Ctrl键, 用"挑选工具"横向移动该星形多边形中间的黑色节点, 然后在按下鼠标右键以后再放开鼠标左键, 这样就得到该星形多边形的一个镜像复制。

（图2）

（图3）

1

在窗口左边的工具条上选择"多边形工具"。在窗口上方该工具的状态栏里, 根据我们的需要设定多边形端点数的数据。

2

按住Ctrl键, 使用"多边形工具"画出一正多边形。

6

我们选取复制出来的星形多边形, 按下Shift键, 向外拖动黑色节点进行该多边形的等比放大。

7

对放大后的多边形进行填色。

8

全选大小两个星形多边形, 然后点取"对齐和分布"工具。在分布和对齐面板中选择"居中对齐"。

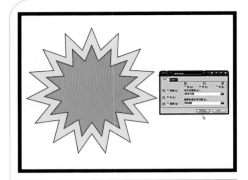

（图9）

9

选取小的星形多边形,然后按下Shift键加选大的星形多边形,我们在窗口上方选取"修剪工具"并进行作用。

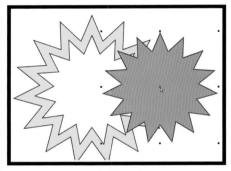

（图10）

10

移开小的多边形就可以看到经过小的多边形修剪后原来的大的多边形只剩下一个星形条环了。

（图11）

11

按比例逐步等比缩放小星形多边形,重复以上制作过程便得到若干不同大小的同心多边形星形条环。

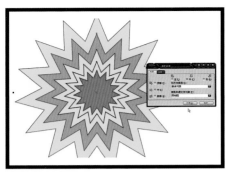

（图12）

12

按下Shift键,然后将星形条环逐一选中,接着在调出的"对齐与分布"面板中选择"横竖居中对齐"。

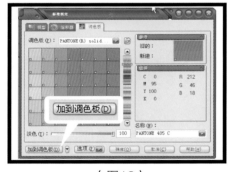

（图13）

13

点选窗口左边的"填充工具",打开"填充颜色"对话框,在对话框中选择"调色板窗口"。在"调色板窗口"下选取需要的色彩,然后按下该窗口左下方"加到调色板"按钮,将自定义选中的颜色添加到调色板尾部。

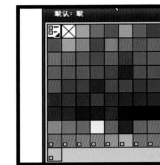

（图14）

14

在调色板中我们可以清楚地看到刚才所定义的色彩排列。

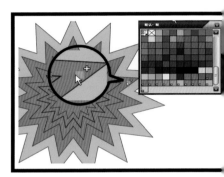

（图15）

15

按住鼠标左键,将选中的色彩直接从调色板中拖动到着色图形中（在放开鼠标左键之前我们会看到光标下有一显示该颜色的小方块,其右上角有一"+"符号,这是代表该颜色将被填充到图形轮廓范围内）。

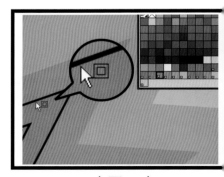

（图16）

16

如果拖动颜色到填充图形时,光标下出现的是一个方环,则表示该颜色将作用于该图形的轮廓。

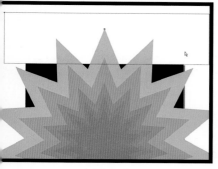

（图17）

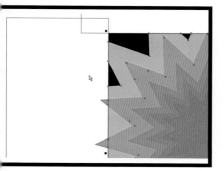

（图18）

17

将已经居中对齐且设置好色彩的星形多边形放置在POP的底上，在其超出底的范围的部分我们可使用任何轮廓工具将其框选，然后先点选原划定的轮廓框，再接着点选被框选的对象，在窗口上方选择"修剪工具"进行作用。裁去被框选对象的多余部分。

18

重复以上方法将星形多边形的所有多余部分去除。

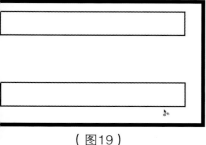

（图19）

19

使用"矩形工具"画一方条并进行复制。

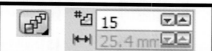

（图20）

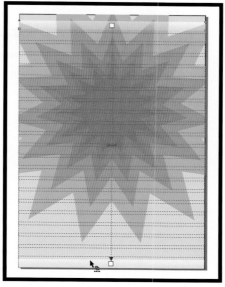

（图21）

20

然后选取"交互式调和工具"，在窗口上方该工具状态栏里调整其合适数值。

21

用该工具在两方条之间拖动。

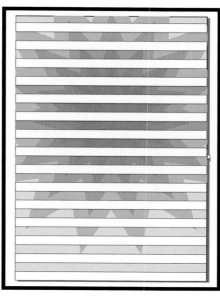

（图22）

22

完成后得到了间距一致的方条调和效果。

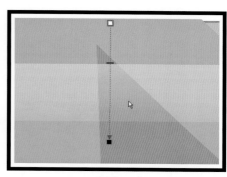

（图23）

23

用鼠标右键点击两方条间交互调和部分,在弹出的菜单中选择"拆分调和群组在图层"，然后再继续全选所有方条，按下鼠标右键，在弹出的菜单中选择"取消全部组合"按钮。

（图24）

24

选取解散群组后的任意一条方条，再选取"交互式透明工具"，在被选取对象上拖动进行透明度和透明形式设置。

（图25）

25

选取该透明方条，按下鼠标右键拖动到其他任何一条方条上，再放开右键。在弹出的菜单中选择"复制所有属性"项。

（图26）

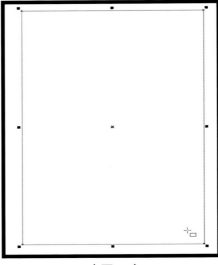

（图28）

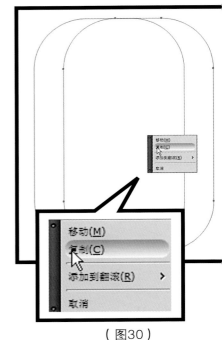

（图30）

（图27）

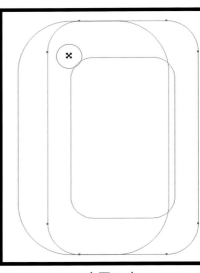

（图29）

（图31）

26

以此方法将所有方条调整为透明属性，并全选后进行竖居中对齐。

27

填充背景色和加上星形装饰图形，完成POP背景。

28

点选窗口左边工具条上的"矩形工具"，画一竖向矩形框。

29

选择"形状工具"，将该工具移动至矩形框边角处节点上，再按下鼠标左键并横向移动该节点，可看到该矩形四个边角都同时产生了相同的变化，即变成了同样的弧角。

30

点击选择该图形，然后按下标右键并移动该图形，会看到与图形同样的一个蓝色虚线框，放鼠标右键，在弹出的菜单中选"复制"项，于是我们得到了与图形相同的一个复制图形。

31

点击选取"复制"项，然后下Shift键，向上移动该图形边角节点，对该图形进行等比小。

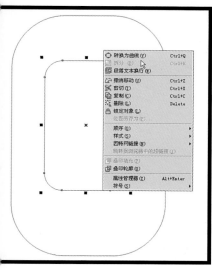

（图32）

32

选择窗口左边工具条的"形状工具"。按下鼠标右键，使光标点选缩小矩形的轮廓边任意处，在弹出的菜单中选择"转换为曲线"项。

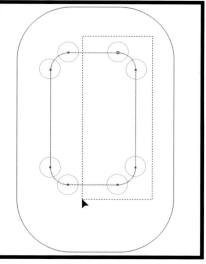

（图33）

33

在已经转换了曲线的图形上看到八个白色方框节点，这是表示该图形轮廓线可以进行节点的作用。这时使用"形状工具"框选图形右边的四个节点。

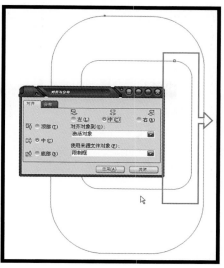

（图34）

34

按动小键盘的横向方向键，移动该图形右边上下的四个节点，进行该图形的宽度调整，直至其符合设计需要。调整完毕后，按下Shift键，接着选择大的图形，然后调出"对齐与分布"属性面板，点选"上下居中对齐"选项，完成图形的居中对齐。

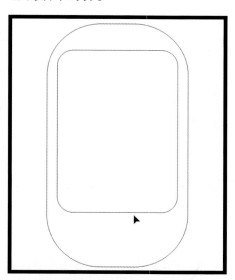

（图35）

35

先选择位居上层的小图形，按下Shift键，接着选择下层的大图形，再在窗口上方的状态栏里按下"修剪"按钮。

36

为小图形填上色彩，作为手机的"屏幕"与"机体"的区别。

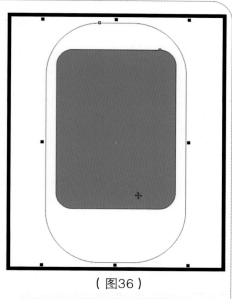

（图36）

（图37）

37

点击选取机体图形，在窗口左边的工具条上选择"交互式轮廓图工具"并设定好轮廓层数，于机体图形上拖动。

（图38）

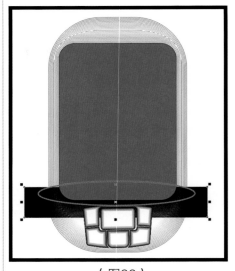

（图39）

（图40）

（图41）

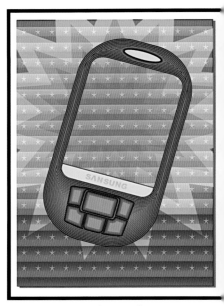

（图42）

38

　　选择轮廓向心式排列模式并适当调整轮廓层数和轮廓线宽度，最后去除图层填色。

39

　　分别用"修剪"和"对齐与分布"属性完成手机键盘的制作。用"矩形工具"画一小横方条，然后按住Shift键选择蓝色手机屏幕，在窗口上方的状态栏里选择"相交"按钮，作用后去除小横方条留下相交得到的图形。

40

　　选择"相交"后得到的图形，继续用"交互式轮廓图工具"完成其金属质感的立体效果。

41

　　添上手机Logo，然后将所有物全选，旋转成一定倾角。

42

　　填充"机身"颜色,并改变手机键盘的着色，然后将调整完成后的手机拼合到背景图层中去。

（图43）

（图44）

43

选择窗口左边工具条的"文本工具"输入广告文案，根据设计方案改变字体及字体的大小，并用"形状工具"将文案移动组合到与画面合适的地方。

44

选择窗口左边工具条上的"交互式立体化工具"在字体上拖动，得到字体的立体效果。

（图45）

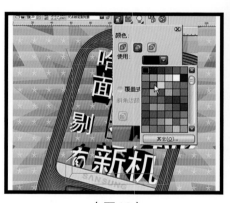

（图46）

45

选择窗口左边工具条上的"交互式透明工具"并作用于手机屏幕，调整其透明程度至合适为止。

46

选择窗口上方的"交互式立体工具"中的"颜色工具"，选定其前后着色模式并进行前后色着色设定。

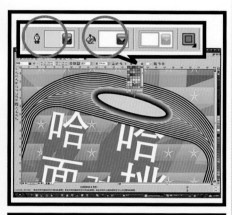

（图47）

47

使用该工具时根据需要分别选择"轮廓填色"和"图层填色"。

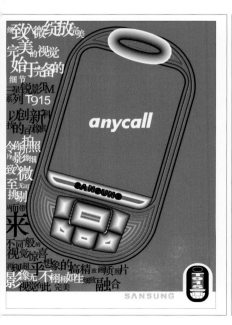

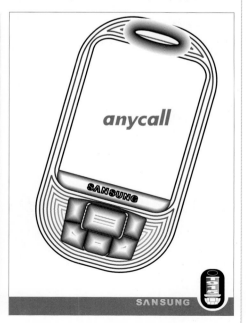

运动无限
健康全椒
免费
兔费
精彩黑白
运动地带
一切皆有可能

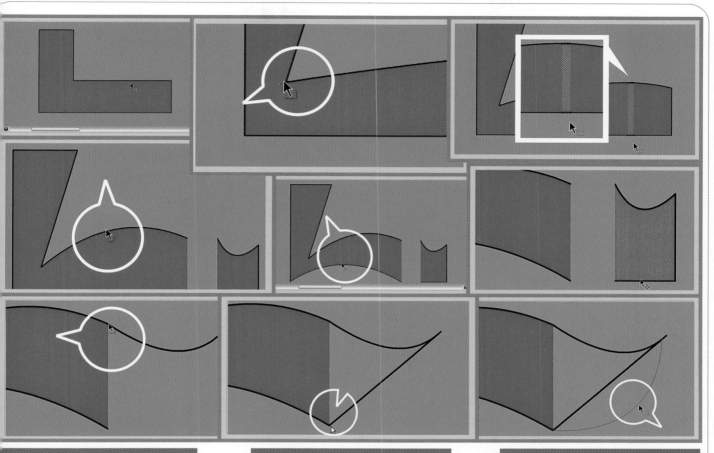

1

　　选择工具条中的"矩形工具",在舞台上绘制一矩形,然后选择工具条上的"箭头工具"画选矩形的一部分,可以看到画面上被"箭头工具"画过的地方呈网格状,这时,按下键盘中的Delete键,将网格部分去除,便得到了"李宁"Logo的基本造型范围。

4

　　继续用"箭头工具"选择横向方向的轮廓线,按住鼠标左键向上移动该处成上弧形,间隔右面的则向下移动成下弧形。

　　提示:在Flash当中,任何矢量图形和线段都可以重叠、融合,我们为了造型连接的准确与方便,往往对进行变形的对象去除其内部填色,只保留对象的轮廓线,这样,当我们需要进行对象的合并与连接的时候可以最大限度的完成对象的精确合成。

2

　　继续用"箭头工具"来进行修改与调整,将"箭头工具"移动至Logo腰间的夹角处,按住鼠标左键,向左下方向拖动该处,得到此处的一个倾角。

　　提示:在Flash中要在矢量图形上进行各种造型设计,往往会受制于线条的相互影响,为了方便与快速进行造型设计,有时会需要将矢量图形的线或者面故意分割或分离,使它们之间在做变形的时候相互影响减至最低。

8

　　分别将去除了填色的1\4部分的线头与3\4处的线头进行相交融合(为了对象相交融合的准确,在左边工具条上点选"吸附磁铁" 🧲 项,这样可以较快速和准确地完成对象的合并)。

3

　　用"箭头工具"在其横向3\4处框选一竖向范围,我们可以看到此处被框选部分也呈网格状。同样按下Deiete键将其清除。

5/6

　　根据"李宁"Logo的外形特征来调整Logo的各种弧线的形状。

7

　　在初步调整完成后,按下鼠标左键,用"箭头工具"移动断开部分的线头使其与另一部分的线头相连接。

9

　　接着调整相交融合后的Logo图形。

1	2	3
4	5	6
7	8	9

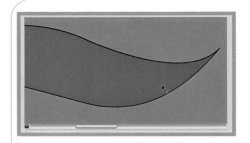

10

通过"截断调整"后再分别根据设计需要进行焊接组合，不断重复此步骤与方法，直至完成"李宁"Logo的最后成型。

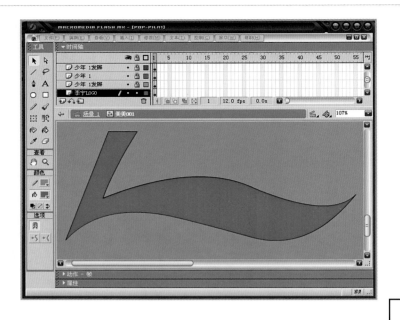

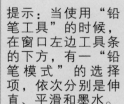

提示：当使用"铅笔工具"的时候，在窗口左边工具条的下方，有一"铅笔模式"的选择项，依次分别是伸直、平滑和墨水。

其中"伸直模式"是强制线条直线模式，使用该模式时可配合Shift键绘制横线或直线。

使用"平滑模式"可自动圆顺我们所绘制的线条，可以让我们在最少的"路径节点"的情况下得到相对合适的线段。

在使用"铅笔工具"的时候，我们无论选择何种模式，当线条的起点和终点相接近的时候，该线段将自动闭合。我们可在闭合的范围内进行填色。

使用"铅笔工具"进行绘图时，线段相交的部分会自动分割，当我们改变所绘制的线条时，起作用的地方以该线条最后被作用的点为起止。

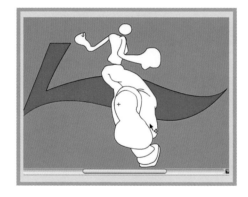

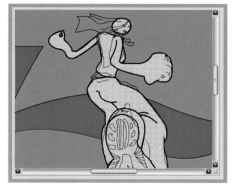

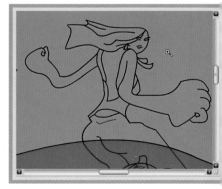

11

选择窗口左边工具条上的"铅笔工具"，然后在窗口下方"铅笔工具"的属性面板里，选择"笔触样式"及"笔触颜色"，并拖动笔触大小滑杆进行笔触宽度的设置。

12

点选窗口上方的图层属性面板，加入一新的图层并锁定有"李宁"Logo的"图层1"，运用"铅笔工具"选择"平滑模式"，在舞台上绘制一跃动的人形，并使其具有上仰的透视感。

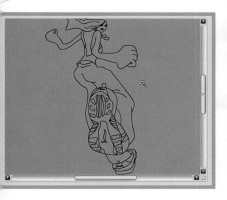

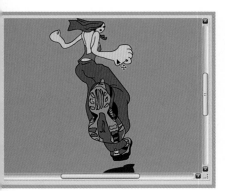

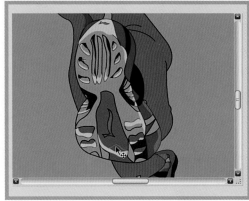

13

逐步完成各部细节，并填色。

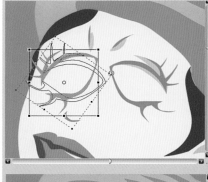

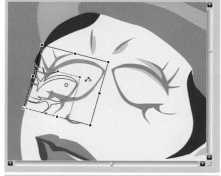

14

在完成的"模特"的外面单击一次以取消选择，然后选择"缩放工具"在模特的头部拖动它放大的对象。

15

双击已经绘制完成的模特的一只眼睛的填色部分，因为双击填色也会选择所有相邻的线条，同样，双击线条也会选择所有相邻的线条。当眼睛在双击后出现了密集的网点时，表示我们完全选择了这只眼睛。

提示：我们在使用"箭头工具"的时候，常常要对对象进行"选择"作用。

在选择个体时，只需要进行单击即可，因为单击只选择一条线条或一个形状，而双击将会选择相连在一块的所有线条或者与线条一起的形状。

使用"箭头工具"还可以在某个形状区域周围拖动一个选择框，这样可以选择该区域中的所有对象。还可以按住Shift键在所有的对象里进行选择性的加选。

在选择形状或线条之后，就可以使用任何可用的功能键对其进行更改。

16

用鼠标的右键点击被选中的"眼睛"，在弹出的菜单中选择"复制"，在对象外边点一下后继续点击鼠标的右键,选择"粘贴到当前位置"项。接着选择修改/变形/水平翻转。选择"任意变形工具"，然后选择"眼睛"，在边框上出现8个规则手柄。选择"旋转与倾斜"功能键，然后用任意变形工具选择"眼睛"。接着，拖动角手柄以旋转"眼睛"。"眼睛"形围绕中间的白色圆圈进行旋转。

17

可继续使用此工具进行"眼睛"的缩放。按住Shift键拖动角任一手柄，手柄可按比例改变"眼睛"形状的大小。

18

选择"扭曲"功能键，并按住Shift键拖动左角一手柄，手柄向下拖动可进行等比例改变。

19

进行头发的细部刻画。用"铅笔工具"在发梢上画出一小段线段，接着用"箭头工具"拖动并进行曲线调整，再接着用"铅笔工具"在调整好的线段不远处继续添上线段并继续调整,然后将两线段连接融合。不断重复直到完成。

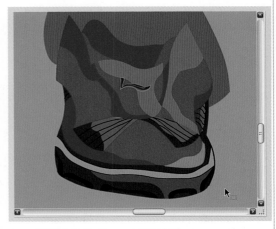

14	15	16
17	18	
19		

"你升我降"制作手记

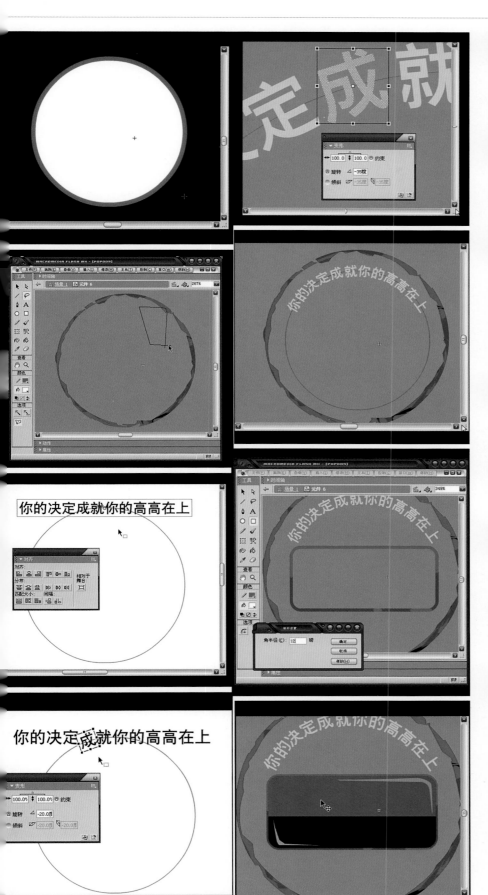

1

　　按住Shift键，使用"椭圆工具"画一正圆，并将轮廓设有一定宽度。

2

　　将圆内填色去除，再用"套索工具"划选轮廓线进行换色、缺角等处理。

3

　　添加一新图层，并置于图层一之上，同时锁定图层一。继续画一正圆(稍小于先前的圆)。用"文本工具"输入文案。按下Ctrl+K调出对齐面板，全选文案和小圆进行中上对齐。

4

　　按下Ctrl+B将文案打散,挑中单个字体 再选择"任意变形工具"将出现的中心点移到圆的轮廓线上。按Ctrl+T调出"变形"属性面板，设定字体旋转数值。

5

　　选择"矩形工具"，点击工具条下方的"圆角矩形半径"设定按钮进行圆角设定。完成后就添加一新图层，并置于图层二之上，同时锁定图层二。

6

　　在圆角矩形里进行填色和细节表现。

1	
2	
3	5
4	6

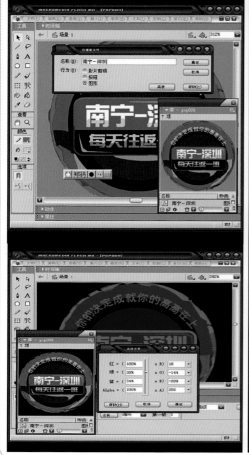

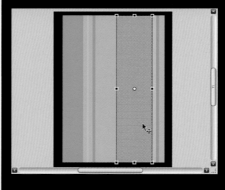

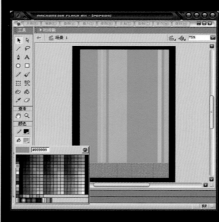

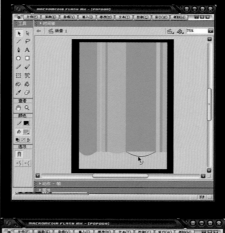

7	11
8	
9	12
10	13

7

　　添加一新图层，并置于图层三之上，同时锁定图层三。在矩形框范围内输入设计文案，并"打散"，然后用"套索工具"画出范围进行着色。

8

　　回到图层二并解锁，同样用"套索工具"进行细节色彩的调整与加工。

9

　　在对所有细节设定完成之后，我们将所有的图层解锁，并全选所有元素。（我们可以按着Shift键逐个加选，也可以用"箭头工具"一次框选。）接下来按住Ctrl+F8组合键，调出元件面板,在面板中选择"图形"属性，然后起个名称。按住Ctrl+L组合键调出"库面板"，在预览框内可以看到"合并"的元件。

10

　　将"图形"元件从库面板中拖到场景中，在下方属性面板的"颜色"项中选"高级"，进行总体色彩变化的调整。

11

　　用"矩形工具"画出一矩形，再用"箭头工具"进行框选,然后用"颜料桶工具"改变着色。

12

　　用"箭头工具"分别将各竖条底端的直线改变成弧线。

13

　　用"文本工具"输入文案。

16

将文案与背景合成，再进行最后调整。全选文案，同时进行拷贝，添加一新图层，并置于文案图层之下，同时锁定文案图层。然后在旁边点击右键，在弹出的菜单里选择"粘贴到当前位置"项，得到复制的文案以后改变其着色并挪动到合适位置，可作为文案的投影。

14

按下Ctrl+B将文案打散，挑中单个字体，再选择"扭曲"工具来拉动文字进行文字变形。

15

完成文案的变形设计，我们添加一新图层，并置于文案的图层之下层，然后选择"画笔工具"，顺着笔画描绘。

"你升我降"机票打折活动系列案例设计:利江

CorelDRAW是矢量软件,但为什么有时候CorelDRAW文件特别大？无论是打开还是进行编排设计都感觉电脑会非常慢而且吃力,是什么问题?

我们都清楚CorelDRAW是矢量软件,通常情况下我们只是进行完的POP绘图,或加入简单的文案都不会使CorelDRAW的文件体积变大。

但是有时候,我们在进行POP设计的时候需要由外部"导入"其他格式的素材图片,为了保证图片的清晰程度,这些导入的素材往往"体积"很大。

CorelDRAW和其他图形软件及排版软件有一个明显不同的地方,这就是它把置入的素材图像的信息全都带入CorelDRAW文件之中,而不是和素材图像建立链接关系。这样一来图像的文件信息全部都存在于CorelDRAW文件之中。CorelDRAW文件中有多少个素材图像文件,其文件就包括它们所有的信息。所以这样一来,我们得到的CorelDRAW文件就会特别大。

一旦出现这样的文件,我们有可能会碰到下面的这些问题:

1.设备运行速度变慢。由于计算机的空间和运行速度有限,不论多好的计算机,都会有负荷太大的问题。特别是在拼有多幅导入文件的大版时,运行就会比较困难。

2.位图图像的内容修改较麻烦。每次修改都得在位图处理软件修改后重新置入文件,并重新定位和调整大小。

3.容易丢失图像文件,也有可能出现图像被叠盖遮掩。由于在输出时软件不提示去查找链接的图像信息,操作者容易将图像文件丢失,造成缺憾。

在进行POP制作的时候,我们有可能会遇上要挑选或要进行处理的对象,在一些"图层"的下面,要将它进行选择又不能移动覆盖在它上方的对象,那么我们将如何选择隐藏在对象下面的对象呢?

我们首先按下Alt键,再使用"挑选工具"单击所要选择的对象之上的对象,一直到要选择的对象被选中为止。

倘若需要一次选中被隐藏的多个对象,首先使用"挑选工具"单击覆盖在所选对象上面的对象,然后按下Shift+Alt键,依次单击所选的每个隐藏的对象。

若要选择一个组中的隐藏对象,按下Alt+Ctrl键并用"挑选工具"单击所要选择对象上的对象,直到要选择对象被选中为止。

电脑POP欣赏篇

Point of Purchase

F50

F50

案例设计:利江

"冷静、坚定、激情、肯定"足球运动鞋

该方案是足球运动鞋的POP悬牌设计。设计是针对足球运动鞋最新推出的科技产品F50后卫款和前锋款。画面大胆地以黑色作底,喻示该项运动的睿智和厚实,以冷静、坚定的广告文案和冰川来比喻球场上后卫的重要,以激情、肯定的广告文案和烈火来比喻球场前锋的需要,针对性强,陈述明确。

案例设计:方如意

"快乐'洗''剪''吹'(系列)"芳芳秀发坊

该方案是芳芳秀发坊的POP悬牌和价格牌的设计,形象就是女主人的卡通造型,以业务内容和卡通的工作动态的直接组合,将服务的内容简洁直接地在第一时间告知客户,使客户在选择服务的内容时对价格一目了然,增加了顾客接受服务的效率。

案例设计:方如意

"轻装行动"运动夏装

该方案是运动夏装的POP悬牌设计,激情的运动天性让热力四射的夏天成为年轻人尽情展现青春活力的好时节,耐克运动夏装"轻装行动"推出一系列适合于夏天运动的运动装备,既可满足年轻人运动的生理需要,又可作为运动时尚展现自身风采。

我一降到底
你一步到家
3999元/平方米

"水畔丽园"
电梯小高层
亲 水 置 业 人 家

精彩楼中楼
上下皆风景
4500元/平方米

"水畔丽园"
时尚楼中楼
亲 水 置 业 人 家

享近水楼台
置傍水别墅
6800元/平方米

"水畔丽园"
倾心别墅
亲 水 置 业 人 家

都市新主张
灵巧小单元
3380元/平方米

"水畔丽园"
灵巧小户型
亲 水 置 业 人 家

财富根据地
一铺旺三代
9880元/平方米

"水畔丽园"
临街黄金铺
亲 水 置 业 人 家

Example 案例　　"亲水置业人家" 水畔丽园

　　该方案是"水畔丽园""亲水置业人家"策划的POP悬牌系列设计。方案以阿拉伯数字1至5为背景，按着房产商的业务分类分别安排了五类户型内容，除了有意识以数字作为系列元素外，还以统一的楼貌和同样的Logo作为形象强调，使楼盘的整体风格和丰富的内容互相突出也互相呼应。

"水畔丽园"
震撼登場
盛大开盘
2005/5/1

案例设计:利江

案例设计:利江

不要相信他們說你什麼都不要做
至少你得把我的電源給插上

案例设计:利江

案例 "就餐要正点正餐之超级大汉堡"
德克士快餐店

　　该方案是德克士"就餐要正点正餐"策划的POP悬牌设计，以一客加码的汉堡作为视觉焦点，将这客特别"正餐"计划中的产品的外观直接作为说明，将蛋、肉排、蔬菜、香肠等产品内容与宣传的说明巧妙结合，再放到一个"表盘"当中，色彩方面，产品多用高纯度色来表现，背景色则用低明度的暖色来进行统一，也在衬托主对象的同时适合对"吃"的欲望刺激。

案例 "不动手之至少你得把我的电源给插上"
海海电脑全自动洗衣机

　　该方案是海海电脑全自动洗衣机"不动手"策划案的POP悬牌设计，以一工作中的海海电脑全自动洗衣机作为视觉焦点，由于白电产品在外观设计上多同质化的原因，海海这款洗衣机特地在使用软件上下工夫，推出人性化"不动手"的概念，以迎合在生活节奏上特别快的人们的需要。文案以第一人称的口吻特别强调该产品的特征，是这个POP设计最重要的地方。

案例设计:利江

案例设计:利江

案例 "关键时候之倒霉的小偷"
TOL国际电工应急照明灯

　　该方案是TOL国际电工应急照明灯的POP悬牌。画面是以一故事性的瞬间作为视觉焦点：一只贼老鼠为了方便它的活动，偷偷地将电闸给拉了下来，然而意外的是安装了TOL国际电工应急照明灯的房间里，一束光亮完全将它的形迹给暴露了。整个POP充满了生活的幽默，也完整地体现出产品的应用范围以及方便实用的特征，具有对消费者的直接说服力。

案例 "超大容量，超级持续力"GB超霸可充电池

　　该方案是GB超霸可充电池的POP悬牌设计，以一群冲天而起的"飞行器"作为视觉焦点，借用"飞行器"对能量的要求，将新一代GB超霸可充电池大容量、高持续力的特点与"飞行器"因为能量充足而能够有力地飞行巧妙地融合在一起，给人以自然和肯定的认同感。

案例设计:利江

案例设计:利江

 "谁都会用，说啥都懂"
全新好译通

该方案是全新"好译通"实现全民外语普及计划策划的POP招贴设计。画面上表现的是一外星人博士，因为飞行器故障被滞留在一不知名的星球上无法和同胞进行联系，可怜的他因为说着别人听不懂的话只好尴尬地留在那里。"好译通"就是为了能够解决人们在语言上的互通方便需要而推出RY627型语音翻译词典,通过画面和文案传递其易用、即时的特点。

 "超强兼容，自信的刻录安全专家"
LO DVD刻录光驱

该方案是LO DVD刻录光驱的POP招贴。该设计应对DIY迷对DVD刻录光驱的超刻能力的苛刻要求，以"F1"冠军车手的自信作为产品顶尖品质的述求，画面和文案简洁到位，内容表述直接肯定，明确地传递能够满足DIY迷们最挑剔的要求的信息，对消费者有充足说服力。

案例设计:方如意

案例设计:方如意

 "三道急招令"将军食府

该方案是"将军食府"进行募员而发布的POP广告。该设计巧妙借用"将军点将"的典故，用三道"急招令"来发布企业需要即时引进的三类员工，既应和了企业的名称和要求，重要的是给应聘者予"被尊重"的感觉，使企业能快速地招集到合适的各类员工。

 亲子乐园

该方案是亲子乐园策划案的POP悬牌设计，在整体的色彩上以温暖的橘色为主，意在体现父母带领着孩子在"亲子乐园"共享天伦之乐的欢愉，积极宣扬和渲染这种感人的家庭温馨。

案例设计:方如意

案例设计:利江

 "丝般润滑"滋养去屑洗发露

　　该方案是滋养去屑洗发露的POP货架牌,属于季节促销宣传。该设计在图形和文案的设计上力求简洁。(主要是为换季宣传的连贯和统一),色彩温和亮丽,线条有意识地组织柔和,在该品牌各宣传方式里具有最后的提示作用,给消费者以亲和感。

 "我开始摇滚了"星星之火俱乐部

　　该方案是星星之火俱乐部的POP悬牌设计。该俱乐部是南宁地下摇滚歌迷传统的聚集地和演出的地方,由若干热爱摇滚的人士投资开办,但俱乐部不以经营为目的,只是为摇滚族有个表演和切磋的地方,因而所有的收入都用来改善演出环境和不定期举行小型音乐会。因特色鲜明而广受欢迎,俱乐部的POP设计因而更以表现这个场所的特征为主。

案例设计:方如意

 告知牌\达时时装表专卖店

　　该方案是达时时装表专卖店的POP告知牌。其中欢迎告知和谢售告知为同牌互为正反面,以明亮的暖色为底。高明度的黄色使人感觉热情。

案例设计:方如意

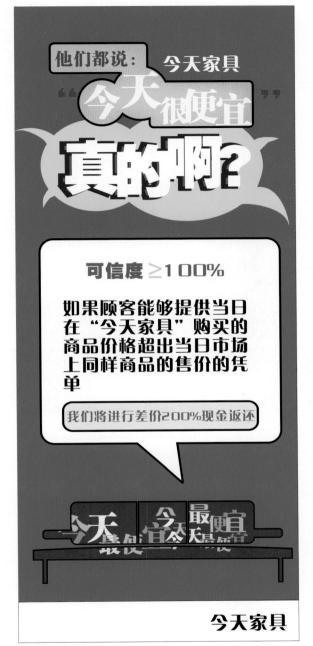

案例设计:方如意

"一切可能，COOL"
休闲T恤衫

　　该方案是休闲T恤衫"COOL"的POP招贴设计。该T恤衫最大的卖点在于我们从不同的角度去看这件服装的时候,该T恤衫会呈现出不同的肌理纹样,变幻无穷,仿佛是万花筒般,紧贴青年人的个性追求。文案：一切皆有可能"COOL"，锐利清晰不啰唆，和服装互为映衬，很容易成为休闲一族的流行新语。

"今天真的很便宜"今天家具

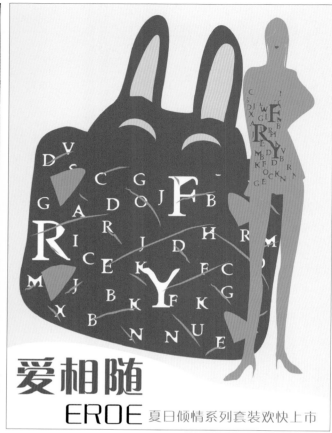

爱相随

EROE 夏日倾情系列套装欢快上市

案例设计:方如意

案例设计:利江 "小精灵"插图提供：韦丽娜

案例设计:方如意

Example 案例

"Doudou花心"
女孩美丽天成时尚饰品

　　该方案是"女孩美丽天成"时尚饰品的POP悬牌设计。其中发卡胸针类的"Doudou花心"系列是受欢迎程度最高的产品单元。该设计有意使用"无彩色"系的灰色作底,在体现恬静素雅的女孩性格的同时,也蕴涵着装饰会让你也有别样的美的衬托之意。

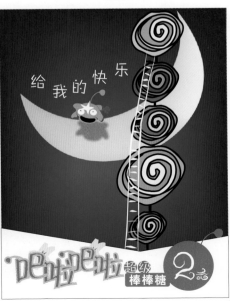

好喝的，每天来一杯。外卖：9797915

好吃的，每天来一份。外卖：9797915

案例设计:利江

好吃的，每天来一碗。外卖：9797915

"好吃的，每天来一碗"
桂林大口福饮食娱乐有限公司

该方案是桂林大口福饮食娱乐有限公司的POP招贴设计。大口福饮食娱乐有限公司是一家研究、保持和创新民间各类风味小吃的企业，在经营上讲究亲民、近民的特色，价格讲究实惠，服务丰富到位，将大江南北各地方特色食品进行发掘推出。为该企业设计的系列POP招贴在档次上体现出大公司气质外，在画面和文案上更注重对消费者认同感的培养和巩固。

案例设计:利江

案例设计:利江

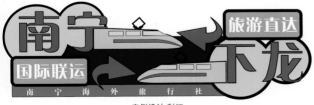

案例设计:利江

案例设计:方如意

案例设计:方如意

案例设计:方如意

案例设计:方如意

案例设计:刘莎

案例设计:莫燕妮 顾黎丽

案例设计:莫燕妮 顾黎丽

案例设计:解晓帆

案例设计:李卉

案例设计:解晓帆

案例设计:利江

案例设计:方如意

案例设计:利江

案例设计:方如意

案例设计:方如意

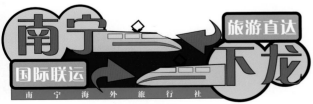

案例设计:利江

案例设计:方如意

案例设计:刘莎

案例设计:莫燕妮 顾黎丽

案例设计:莫燕妮 顾黎丽

案例设计:解晓帆

案例设计:李卉

案例设计:解晓帆

案例设计:方如意

案例设计:方如意

案例设计:方如意

案例设计:刘莎

案例设计:周晗

案例设计:方如意

案例设计:利江 插图提供:罗小吉

案例设计:罗小吉

案例设计:方如意

案例设计:解晓帆

案例设计:方如意

案例设计:方如意

案例设计:莫燕妮 顾黎丽

案例设计:莫燕妮 顾黎丽

案例设计:莫燕妮 顾黎丽

案例设计:方如意

案例设计:罗小吉

案例设计:莫燕妮 顾黎丽

案例设计:莫燕妮 顾黎丽

案例设计:莫燕妮 顾黎丽

案例设计:方如意

案例设计:莫燕妮 顾黎丽

案例设计:莫燕妮 顾黎丽

案例设计:方如意

图书在版编目（CIP）数据

电脑POP/陆红阳，喻湘龙主编. —南宁：广西美术出版社，2005.7
（创意营销）
ISBN 7-80674-368-5

Ⅰ.电… Ⅱ.①陆…②喻… Ⅲ.广告－计算机辅助设计 Ⅳ.J524.3-39

中国版本图书馆 CIP 数据核字(2005)第 066098 号

创意营销·电脑POP

顾　　问／柒万里　黄文宪　汤晓山　白　瑾
主　　编／喻湘龙　陆红阳
编　　委／陆红阳　喻湘龙　黄江鸣　黄卢健　叶颜妮　黄仁明
　　　　　利　江　方如意　梁新建　周锦秋　袁莜蓉　陈建勋
　　　　　熊燕飞　周　洁　游　力　张　静　邓海莲　陈　晨
　　　　　巩姝姗　亢　琳　李　娟
本册编著／方如意
出 版 人／伍先华
终　　审／黄宗湖
图书策划／姚震西　杨　诚　钟艺兵
责任美编／陈先卓
责任文编／符　蓉
装帧设计／阿　卓
责任校对／罗　茵　刘燕萍　尚永红
审　　读／林柳源
出　　版／广西美术出版社
地　　址／南宁市望园路9号
邮　　编／530022
发　　行／全国新华书店
制　　版／广西雅昌彩色印刷有限公司
印　　刷／深圳雅昌彩色印刷有限公司
版　　次／2005年8月第1版
印　　次／2005年8月第1次印刷
开　　本／889mm×1194mm　1/16
印　　张／6
书　　号／ISBN 7-80674-368-5/J·477
定　　价／30.00元